MÉMOIRE

PLIS CÉRÉBRAUX DE L'HOMME

DES PRIMATÈS,

PAR M. PIERRE GRATIOLET,

AIDE-NATURALISTE, CHEF DES TRAVAUX ANATOMIQUES AU MUSÉUM D'HISTOIRE NATURELLE,
MEMBRE DE LA SOCIÉTÉ PHILOMATHIQUE.

ATLAS.

PARIS,

ARTHUS BERTRAND, ÉDITEUR,

LIBRAIRE DE LA SOCIÉTÉ DE GÉOGRAPHIE,

RUE HAUTEFEUILLE, 21.

MÉMOIRE

SUR LES

PLIS CÉRÉBRAUX DE L'HOMME

ET

DES PRIMATÈS,

PAR M. PIERRE GRATIOLET,

AIDE-NATURALISTE, CHEF DES TRAVAUX ANATOMIQUES AU MUSÉUM D'HISTOIRE NATURELLE,
MEMBRE DE LA SOCIÉTÉ PHILOMATHIQUE.

ATLAS.

PARIS,

ARTHUS BERTRAND, ÉDITEUR,

LIBRAIRE DE LA SOCIÉTÉ DE GÉOGRAPHIE,

RUE HAUTEFEUILLE, 21.

TABLE DES FIGURES

CONTENUES

DANS LES PLANCHES DE CET ATLAS.

PLANCHE I.

FIG. 1. Cerveau d'un Homme blanc français (profil). *Forme restituée.*

FIG. 2. Cerveau d'une Femme bojesmane connue autrefois, à Paris, sous le nom de *Vénus hottentote* (profil). La face dorsale de ce cerveau a déjà été figurée par Tiedemann, *Phil. trans. Forme restituée.*

PLANCHE II.

FIG. 1. Cerveau du même Homme blanc (face dorsale). *Forme restituée.*

FIG. 2. Cerveau de la Vénus hottentote (face dorsale). De la collection du muséum de Paris. *Forme restituée.*

PLANCHE III.

FIG. 1, 2, 3 et 4. Cerveau d'un Orang de Sumatra. De la collection du muséum de Paris. *Formes restituées.*

FIG. 5 et 6. Cerveau d'un autre Orang.

PLANCHE IV.

FIG. 1 et 2. Cerveau de l'*Hylobates syndactylus*, d'après Sandifort.

FIG. 3. Profil du cerveau d'un fœtus de Gibbon. De la collection du muséum de Paris.

FIG. 4, 5 et 6. Cerveau du Gibbon cendré (*Hylobates leuciscus*). De la collection du muséum de Paris. *Forme restituée.*

FIG. 7, 8 et 9. Cerveau de l'Entelle (*Semnopithecus Entellus*). De la collection du muséum de Paris. *Forme restituée.*

FIG. 10, 11 et 12. Cerveau du Semnopithèque maure (*Semnopithecus maurus*). De la collection du muséum de Paris. *Forme restituée.*

PLANCHE V.

FIG. 1 et 2. Cerveau du Semnopithèque nasique (*Nasalis*) rapporté par Hombron et Jacquinot. D'après un cerveau déformé. De la collection du muséum de Paris.

FIG. 3, 4, 5 et 6. Cerveau du Callitriche (*Cercopithecus sabæus*). *Forme restituée.*

FIG. 4 *bis.* Profil du même cerveau; l'opercule du lobe postérieur a été enlevé pour montrer les plis de passage.

FIG. 7, 8, 9 et 10. Cerveau de la Mone (*Cercopithecus mona*). D'après un cerveau déformé.

PLANCHE VI.

FIG. 1, 2 et 3. Cerveau du Chimpanzé (*Troglodytes niger*). De la collection du muséum de Paris. *Forme restituée.*

FIG. 4. Face inférieure de Chimpanzé, d'après Tyson.

FIG. 5 et 6. Cerveau de Chimpanzé, d'après Vrolick et Schrœder Van-der-Kolk.

PLANCHE VII.

Fig. 1, 2, 3, 4 et 5. Cerveau d'un Magot (*Pithecus inuus*). Du côté droit, le lobe temporal était atrophié. *Forme restituée.*

Fig. 6, 7, 8, 9 et 10. Cerveau d'un Macaque toque (*Macacus radiatus*). *Forme restituée.*

PLANCHE VIII.

Fig. 1, 2 et 3. Cerveau d'un Ouanderou (*Macacus silenus*). *Forme restituée.*

Fig. 4, 5 et 6. Cerveau d'un Mangabey (*Cercopithecus Æthiops*). *Forme restituée.*

Fig. 7, 8, 9, 10 et 11. Cerveau de Rhésus (*Macacus Rhesus*). *Forme restituée.*

PLANCHE IX.

Fig. 1, 2, 3, 7 et 9. Cerveau d'un Papion (*Cynocephalus sphinx*). *Formes restituées.*

Fig. 4, 5, 6, 8 et 10. Cerveau d'un Mandrill (*Cynocephalus mormon*). *Formes restituées.*

PLANCHE X.

Fig. 1, 2, 3 et 4. Cerveau du Belzébuth (*Ateles Belzebuth*).

Fig. 5 et 6. Cerveau d'un Lagotriche (*Lagothrix Humboldtii*). *Forme restituée.*

Fig. 7, 8, 9 et 10. Cerveau d'un Saï capucin (*Cebus capucinus*). *Forme restituée.*

Fig. 11, 12, 13 et 11. Cerveau d'un Sajou brun (*Cebus apella*).

Fig. 12 *bis.* Profil du même cerveau ; le pli de passage a été mis à découvert par la résection de l'opercule. *Formes restituées.*

PLANCHE XI.

Fig. 1, 2 et 3. Cerveau d'un fœtus humain de dix-huit semaines environ.

Fig. 4, 5 et 6. Cerveau du Saïmiri (*Pithesciurens Saimiri*).

Fig. 7, 8 et 9. Cerveau du Moloch (*Callithrix Moloch*).

Fig. 10, 11 et 12. Cerveau du Douroucouli (*Nyctipithecus Duruculi*). *Forme restituée.*

Fig. 13, 14 et 15. Cerveau du Pinche (*Œdipus*).

Fig. 16, 17 et 18. Cerveau du Ouistiti vulgaire (*Jacchus vulgaris*). *Forme restituée.*

PLANCHE XII.

Planches destinées à faire les comparaisons.

PLANCHE XIII.

Moules internes de crânes.

Fig. 1 et 3. Orang jeune.

Fig. 2 et 4. Orang adulte.

Fig. 5 et 6. Gorille femelle.

FIN DE L'EXPLICATION PARTICULIÈRE.

EXPLICATION GÉNÉRALE DES CHIFFRES ET DES PLANCHES.

FACE EXTERNE.

1. Étage sourcilier ou frontal inférieur.
2. Étage frontal moyen.
3. Étage frontal supérieur.
4. Premier pli ascendant.
5. Deuxième pli ascendant.
5'. Lobule du deuxième pli ascendant.
6 et 6'. Pli courbe.
7. Pli marginal inférieur.
8. Pli temporal moyen.
9. Pli temporal inférieur.
10. Étage supérieur du lobe occipital.
11. Étage moyen.
12. Étage inférieur.
A. Lobule du pli marginal supérieur.
B. Pli accessoire qui unit souvent le lobule du pli marginal supérieur au lobule du deuxième pli ascendant.
α. Pli supérieur du passage.
c. Deuxième pli de passage.
γ. Troisième pli de passage.
δ. Quatrième pli de passage.

FACE INTERNE.

1. Pli de la zone interne.
1'. Lobule quadrilatère.
2. Pli de la zone externe.
3. Lobule occipital interne.
4. Pli godronné.
5. Pli temporal moyen interne.
6. Pli temporal inférieur.
α, 5, 6'. Scissure des hippocampes.

PARIS. — IMPRIMERIE DE Mme Ve BOUCHARD-HUZARD, RUE DE L'ÉPERON, 5.

PLANCHE I.

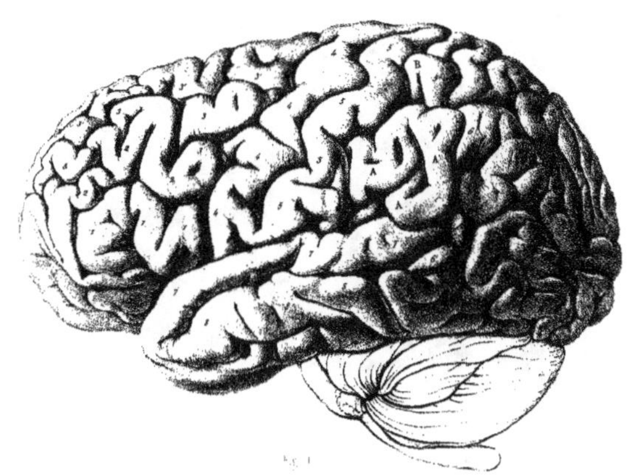
Fig. 1.

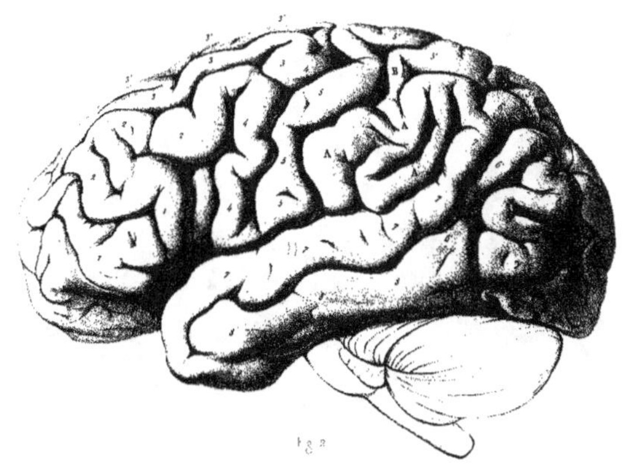
Fig. 2.
L'HOMME.

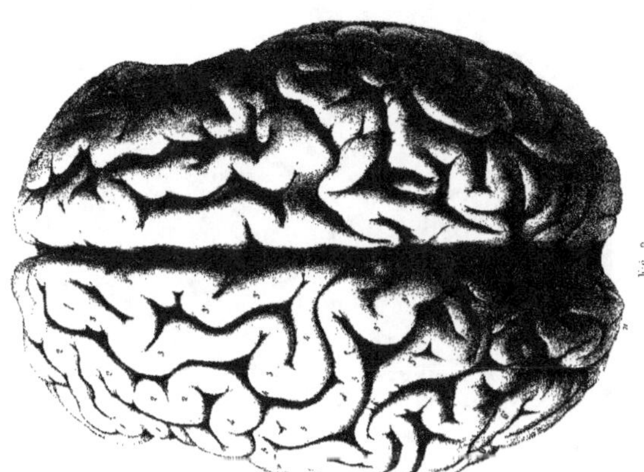

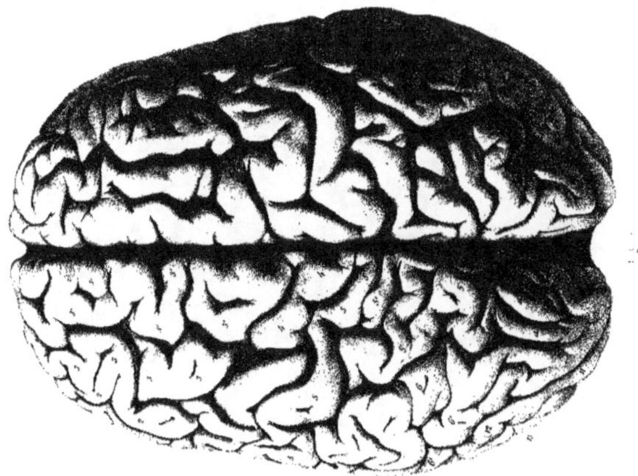

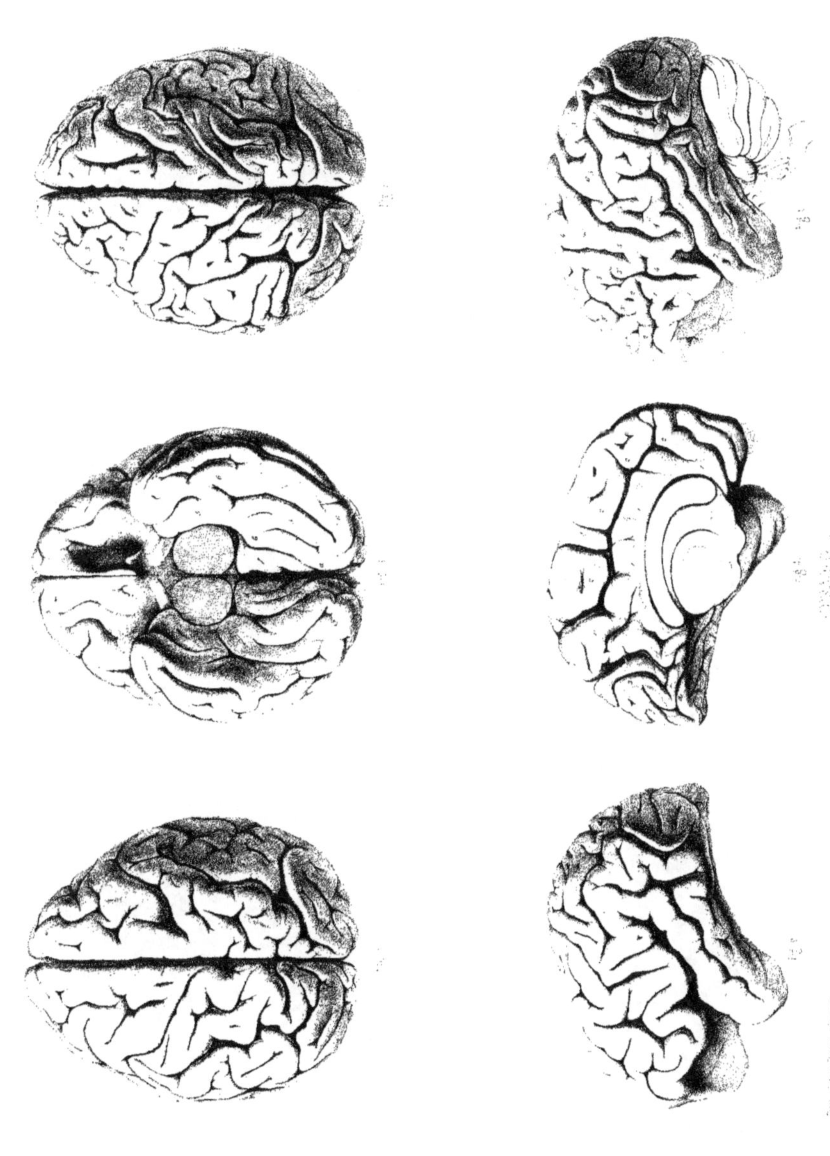

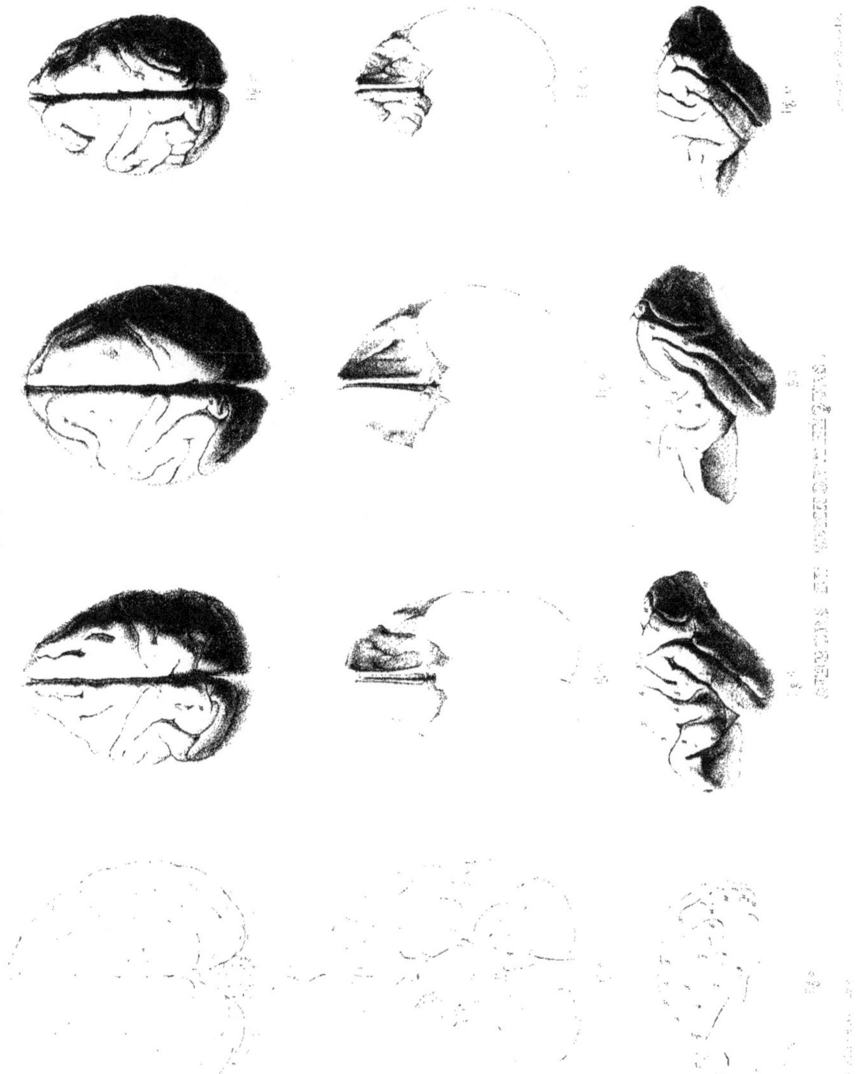

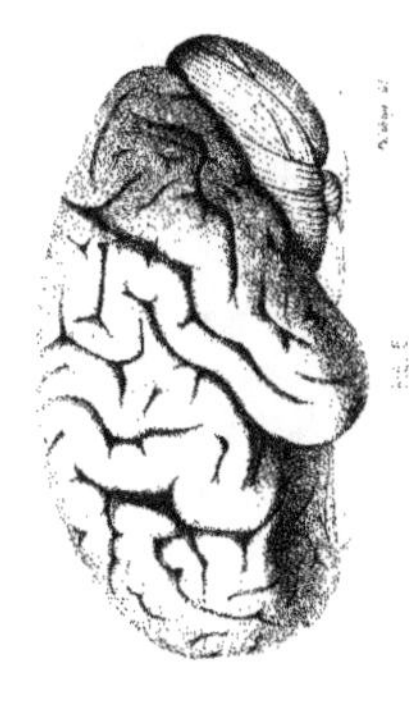
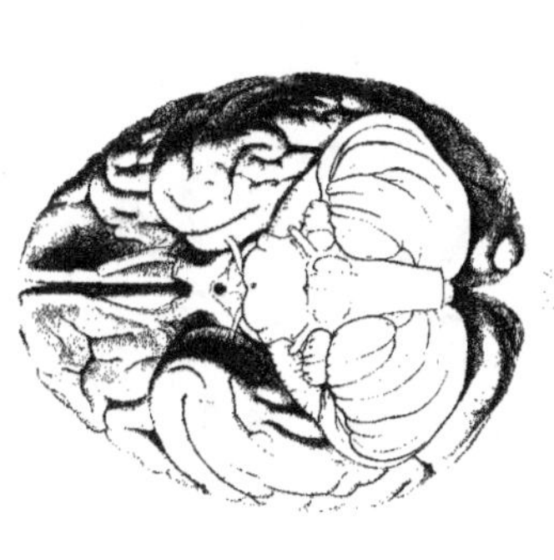
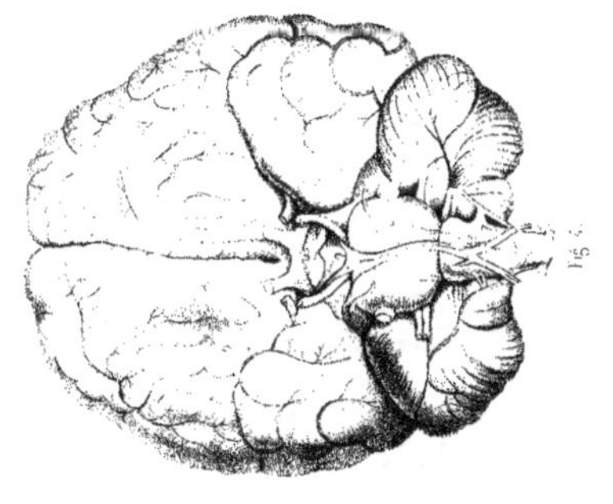
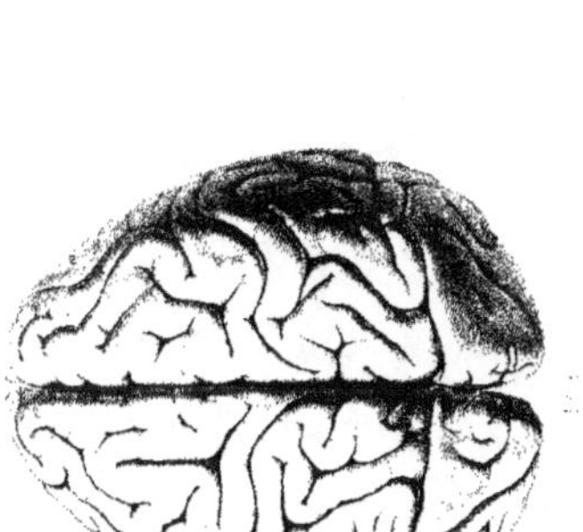
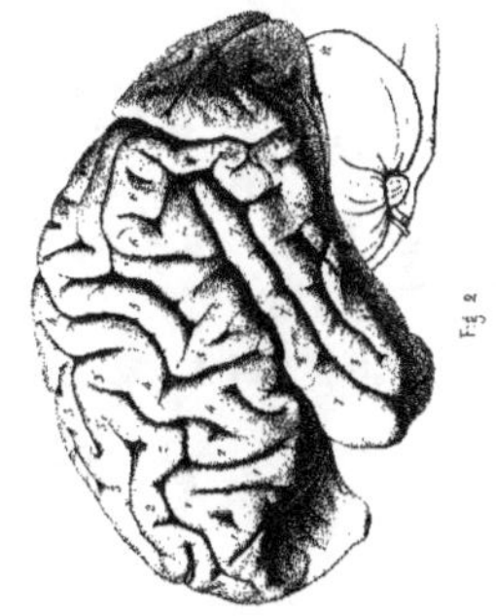

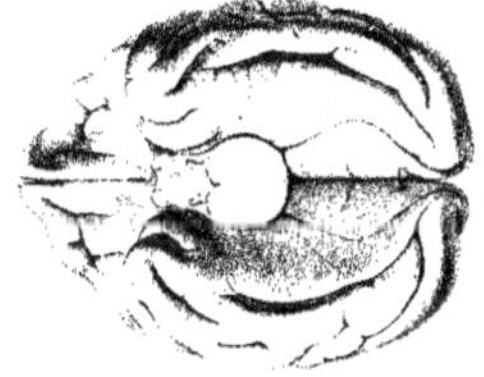

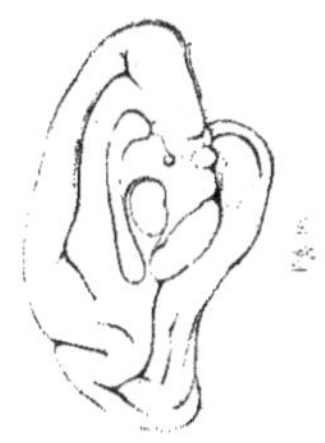
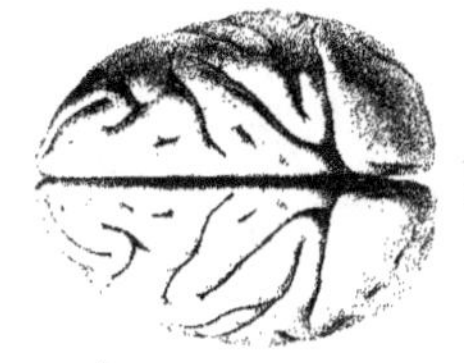
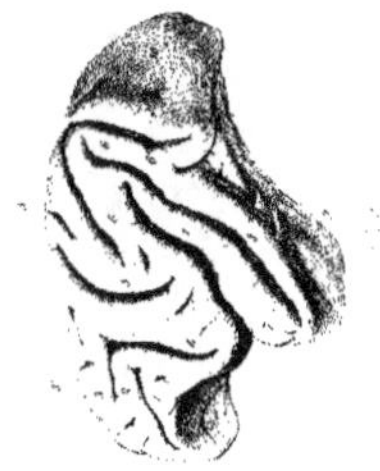

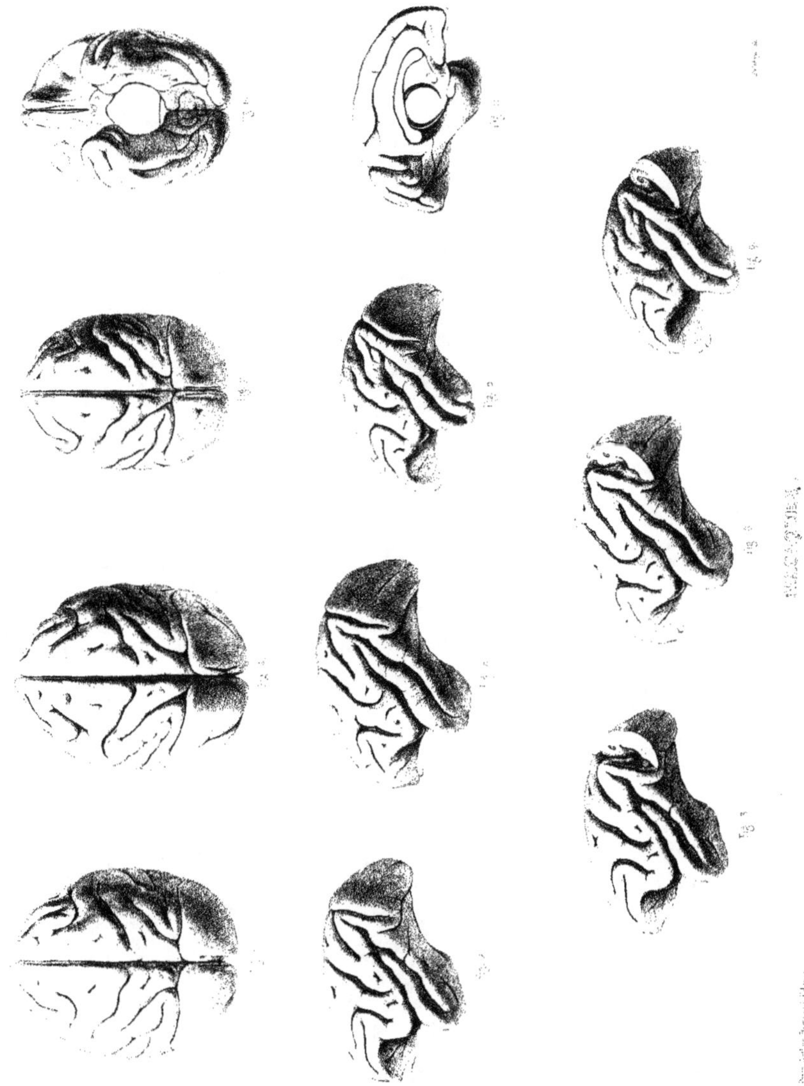

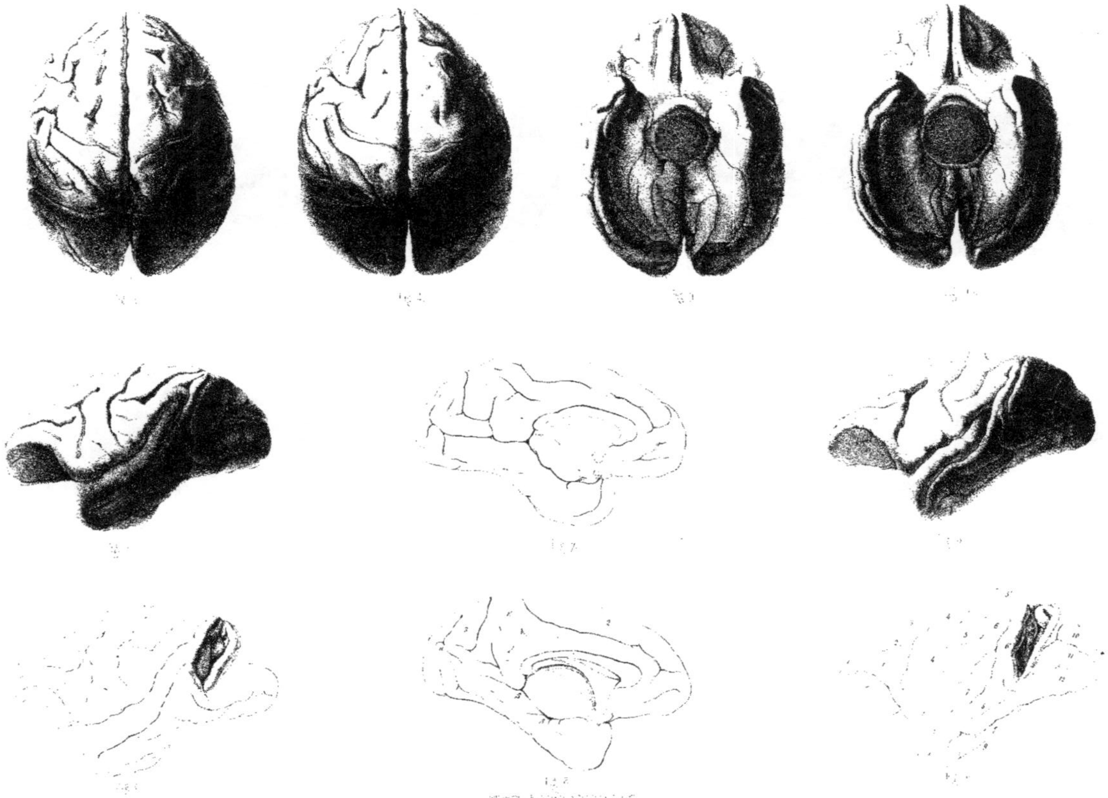

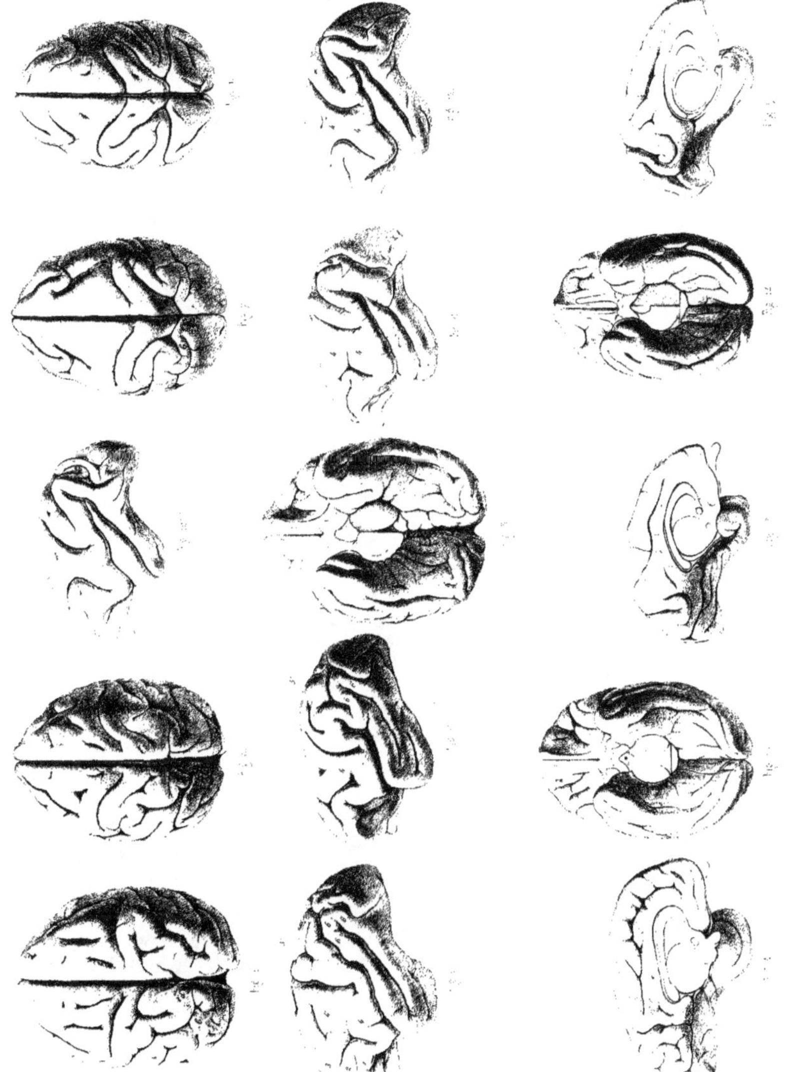

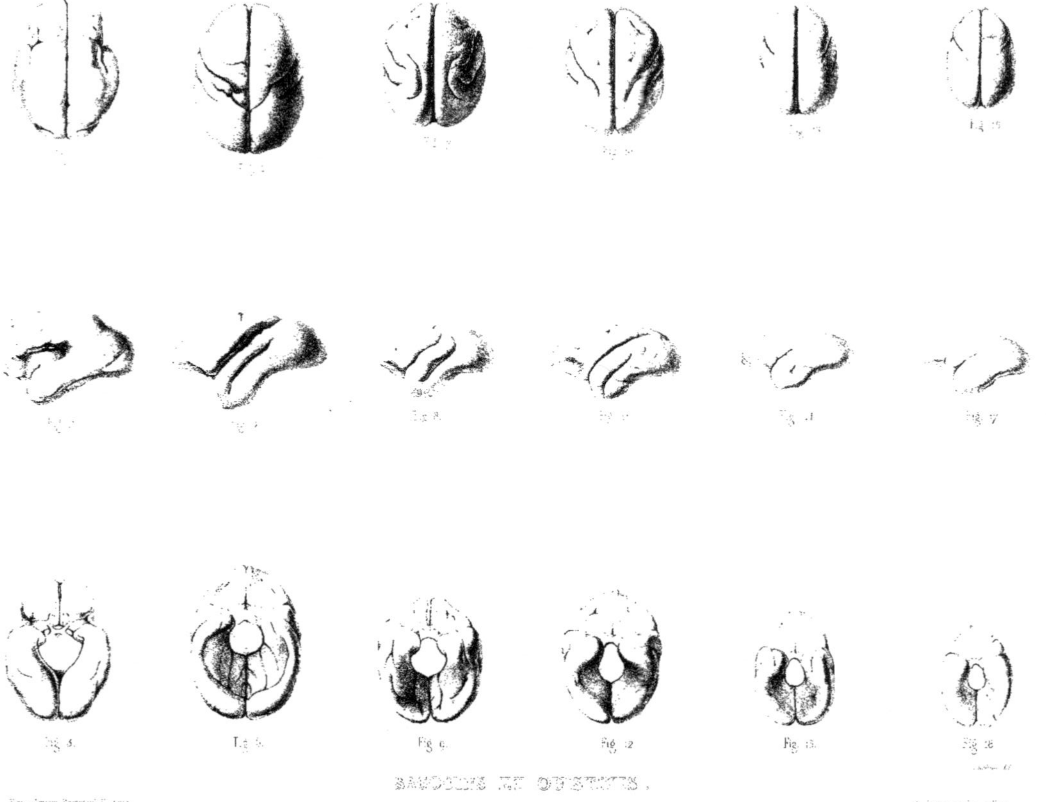

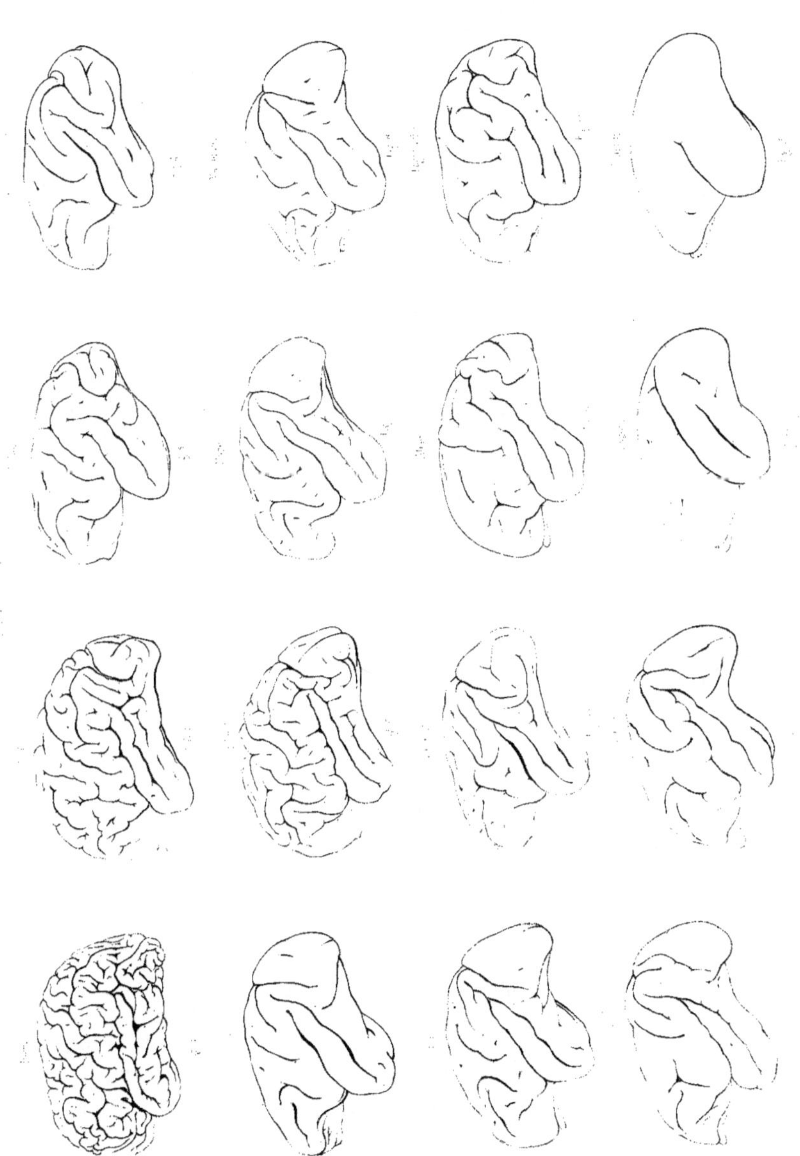

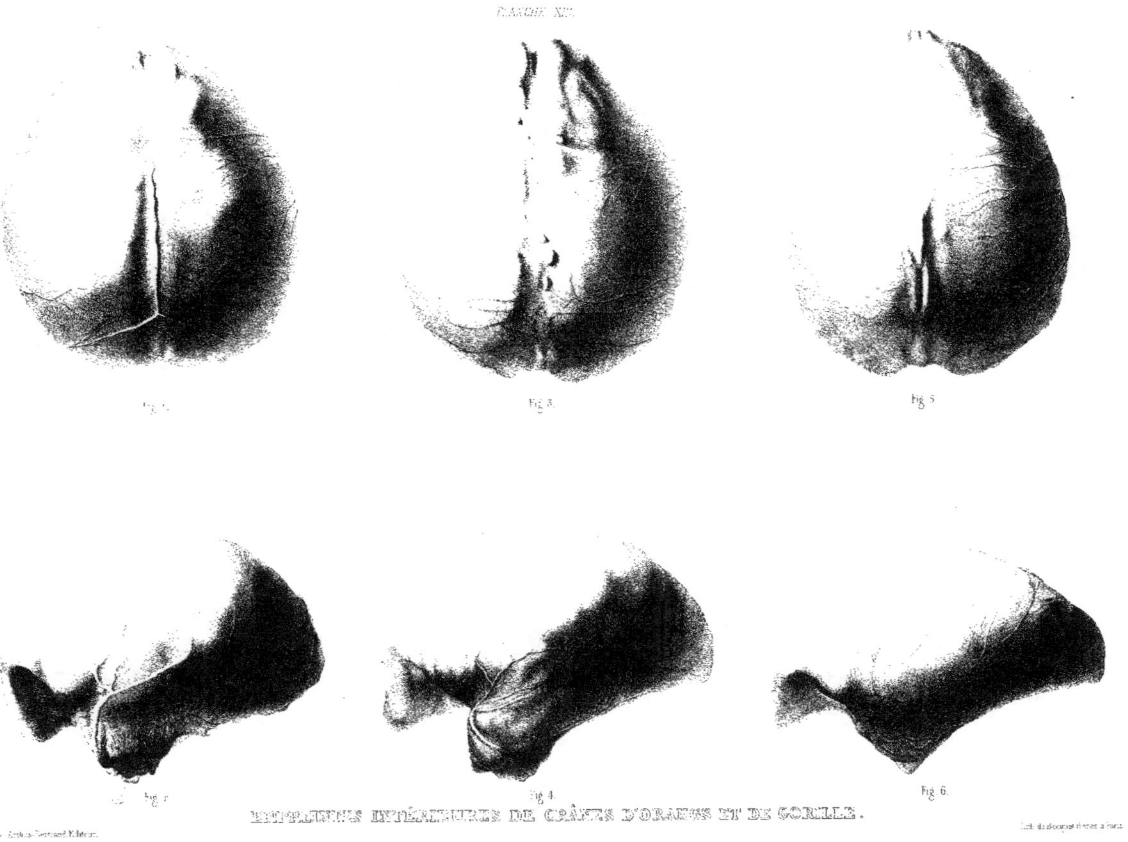

EMPREINTES INTÉRIEURES DE CRÂNES D'ORANGS ET DE GORILLE.